图文小百科

鲨 鱼

[法] 贝尔纳·塞雷　　著
[法] 朱利安·索莱　　绘

陈潇　译

中国友谊出版公司

图书在版编目（CIP）数据

鲨鱼 /（法）贝尔纳·塞雷编；（法）朱利安·索莱
绘；后浪漫校；陈潇译 . -- 北京：中国友谊出版公司，
2022.12
（图文小百科）
ISBN 978-7-5057-5515-4

Ⅰ.①鲨… Ⅱ.①贝… ②朱… ③后… ④陈… Ⅲ.
①鲨鱼—普及读物 Ⅳ.① Q959.41-49

中国版本图书馆 CIP 数据核字 (2022) 第 119887 号

著作权合同登记号　图字：01-2022-6505

La petite Bédèthèque des Savoirs 3 – Les requins. Les connaître pour les comprendre
© ÉDITIONS DU LOMBARD (DARGAUD-LOMBARD S.A.) 2016, by Solé, Séret
www.lelombard.com
All rights reserved

本作品简体中文版由 欧漫达高文化传媒（上海）有限公司 DARGAUD GROUPE (SHANGHAI) CO., LTD. 授权出版
本简体中文版版权归属于银杏树下（上海）图书有限责任公司。

书名	图文小百科：鲨鱼
编者	［法］贝尔纳·塞雷
绘者	［法］朱利安·索莱
译者	陈　潇
出版	中国友谊出版公司
发行	中国友谊出版公司
经销	新华书店
印刷	天津联城印刷有限公司
规格	880×1230 毫米　32 开
	2.5 印张　20 千字
版次	2022 年 12 月第 1 版
印次	2022 年 12 月第 1 次印刷
书号	ISBN 978-7-5057-5515-4
定价	49.80 元
地址	北京市朝阳区西坝河南里 17 号楼
邮编	100028
电话	（010）64678009

前　言

介于厌恶和着迷之间

根据针对人类死因的统计数据，每年因鲨鱼袭击而死亡的人数仅有10人左右，而犬类每年却造成了25000宗致命袭击。奇怪的是，狗身上这种显而易见的危险性并没有损害它作为人类最好朋友的声誉。另外，如果我们把过度捕捞带来的危害考虑在内，人类无疑是鲨鱼的头号天敌，每年约有7300万条鲨鱼被人类捕杀。这项数据是惊人的，因为很多种鲨鱼，尤其是大型鲨鱼，就只有人类这一个天敌。

于是，矛盾之处显而易见：一方面鲨鱼给人类带来了无尽的幻想，另一方面它又令人类感到非理性的恐惧。很不幸，在如今，人类对鲨鱼的认识依然且始终充满了无知和偏见。

鲨鱼恐惧史的五个阶段

第一阶段

1916：新泽西州的攻击

巧合的是，你们在看的这本书（法文版）的出版时间距离第一次鲨鱼造成的集体恐慌事件正好100周年。鲨鱼的坏名声，以及人们因其所产生的恐惧，源自一个特殊的时期和一个特别的地点。1916年7月上旬，在美国东海岸新泽西州的三大海滨浴场：比奇港、春之湖和马塔旺溪，陆续发生了一连串的事故，首次引起了人们对鲨鱼的恐惧。虽然最终只有4位游泳者死亡，但这些事件被媒体炒得沸沸扬扬，"新泽西州海滩鲨鱼袭击事件"引起了轩然大波，以至于长时间以来在媒体和大众心中留下了深刻印象。

美国媒体太乐于报道如此有爆点的故事了——当时谁能想象得到人会被鱼杀死！他们将整个事件上升到一个非理性的层面，造成了一种前所未见的集体癔症。我们不得不承认，只有他们掌握了整件事的来龙去脉。所有媒体处于狂热状态，以至于那个夏天纽约爆发的可怕传染病——小儿麻痹症，即使每天造成了 30 多人死亡，霸占新闻头条好几个星期，也最终让位给了鲨鱼袭击事件。政府颁布法令禁止在海中游泳，这项措施立刻造成了海滨浴场的萧条，同时导致实质性的经济损失。

人们怀疑，正是由于当时的恐慌给经济带来了负面影响，该事件才被严肃对待。当时美国正在考虑是否要加入对抗德意志帝国的战争，然而鲨鱼事件波及范围太广，以至于威尔逊[1]总统召开了一场紧急危机会议。人们评估了现状后开始大肆捕杀鲨鱼，报酬丰厚。1916 年的捕鲨行动被视为有史以来规模最大的猎捕行为，有数百名捕鱼者参与其中。为了更快地猎捕鲨鱼，有人甚至用上了炸药！

第二阶段

1945：印第安纳波利斯号巡洋舰的幸存者

第二次世界大战快结束时，另一场无法避免的戏剧性事件再次激起了大众对鲨鱼的恐惧。这一次，美国媒体故伎重演，对该事件进行了大规模报道。印第安纳波利斯号是一艘重型巡洋舰，刚刚运送完"胖子"和"小男孩"[2]两颗原子弹装配所需的重要部件，悲剧就从这艘巡洋舰的沉没开始上演了。事件发生在菲律宾海上，1945 年 7 月 29 日夜间至 30 日凌晨，在离开了位于马里亚纳群岛的天宁岛海军基地后，印第安纳波利斯号被一艘日本潜艇发射的鱼雷击中，被击中的部位正好是装载了 1.3 万余升燃油的燃料箱。1 万吨级的巡洋舰不到 12 分钟就沉没了，1196 名船员有 900

名在爆炸中幸存，他们跳入了大海。最后一批在海上漂浮的幸存者直到一周后的 8 月 7 日和 8 日才获救。就在这两天的前后，即 8 月 6 日和 9 日，广岛和长崎遭受了原子弹的轰炸。然而，在这 900 名落水的船员中，仅有 317 人存活，他们全都筋疲力尽，因为鲨鱼的袭击而受到了极大的刺激和惊吓。毫无疑问，美国媒体因为这个可怕的事件又激动了起来，发表了一系列令人反感的言词，唤起了人们源自 1916 年的恐慌。尽管大规模爆炸、异乎寻常的水面撞击和受伤水手的血液无疑吸引来了大量的鲨鱼，然而根据证词，因鲨鱼袭击致死的海军人数总计只有 30 ～ 150 人……事实上，很多海军士兵死于炎热和饥渴，因为忍不住饮用了海水而脱水身亡，他们中很多人产生了幻觉，陷入了疯狂和恐慌之中。无论如何，鲨鱼的罪名已毋庸置疑。从那以后很长一段时间，印第安纳波利斯号总是跟海难、日本鱼雷同时出现，还有被鲨鱼吞噬的英雄们……

第三阶段

1954：库斯托，尴尬的大使

虽然对鲨鱼的丑化大部分发生在英语国家，但法国也不遑多让地参与了进来，而实施的人是我们最意想不到的一位：库斯托船长。在《沉默的世界》[3] 中有一幕经典场景，卡利索号全体船员狂怒地用鱼叉刺向几条鲨鱼，把它们吊上甲板，然后用大铁锤给它们致命一击，与此同时，雅克-伊夫·库斯托用来自另一个时代的画外音严肃地讲述道："世上的每个水手都恨鲨鱼。"毫无疑问，印第安纳波利斯号事件在水手们心中留下了深深的印迹。库斯托传递出的水手们对鲨鱼的厌恶之情，很可能反映的是 20 世纪 50 年代大家共同的想法。然而 60 多年过去了，这种幼稚的想法显然不会在任何一部动物纪录片里再出现。并且，若不是库斯托对鲨鱼的厌恶之情在很多人心中留下了深刻印象，如此武断和偏激的观点在今天甚至会引人发笑。遗憾的是，直到不久前，人们才意识到库斯托的话语和纪录片中的画面对几代观众和孩子造成的负面影响。

第四阶段

1974：彼得·本奇利的致命一击

20 世纪 70 年代初，渴望成为小说家的政治记者彼得·本奇利刚刚失去总统特别顾问的职位，他本来负责为美国总统约翰逊撰写演讲稿。1971年的某一天，本奇利来到大型出版机构——双日出版集团的托马斯·康登面前。他带来了一本恐怖小说的大纲，故事灵感很大程度上来源于1916年关于春之湖鲨鱼袭击事件的报道。在小说里，本奇利把故事移到了当代，事件发生的地点位于更靠北一点的纽约州，一座被他命名为艾米蒂的虚构的海滨小镇。故事大纲非常有趣，然而写作一开始并不顺利，编辑让他重写了好几章，还特别建议他删掉了过多的喜剧部分。总之，编辑的建议是有效的。1974 年 2 月，彼得·本奇利的《大白鲨》一经问世，便获得了巨大成功，在畅销书排行榜上连续停留 44 周！还不到一年时间，这本书就被翻译成各个版本，销量高达 7600 万册。这个现象很快引起了环球影业的两位制片人理查德·扎努克和大卫·布朗的强烈兴趣，他们立刻买下版权，并邀请本奇利参与将他自己的小说改编成电影剧本的工作中。

第五阶段

1975：终极妖魔化，斯皮尔伯格的恐怖制造机

《大白鲨》的编剧团队包括本奇利、卡尔·哥特列布和其他 5 个人。5 人之中的霍华德·塞克勒和约翰·米利厄斯成功说服了迟疑不决的本奇利在剧本里加入印第安纳波利斯号灾难的故事元素[4]。电影由史蒂文·斯皮尔伯格执导，他当时是一个刚满 28 岁的年轻人，还不怎么出名。拍摄过程并非一帆风顺。人们在制作大白鲨的模型时遇到很多难题，由于技术上实现起来太过复杂，斯皮尔伯格不得不在很多关键场景舍弃使用大白鲨

模型。幸运的是，这位年轻导演有外号"剪辑之母"的剪辑师弗娜·菲尔兹[5]助阵，她是好莱坞最知名的剪辑大师之一，同时又是当时环球影业主席内德·塔嫩的亲信。在宣传电影的采访中，斯皮尔伯格一再强调——甚至有些过头了——弗娜·菲尔兹极具创意、鬼斧神工般的剪辑技巧让他学会了很多东西。他还谦称自己是希区柯克创立的著名原则的受益人，即"暗示而不是明示"。被寄予厚望的造价昂贵的鲨鱼模型，最终只出现在数量有限的画面中。技术上的限制反而成为神来之笔，更成功地塑造出了恐怖的场景。任何人想到自己在海水这样一种局部隐没的环境中被生吞活剥，都会感到不寒而栗，而多亏了弗娜·菲尔兹的剪辑才华，斯皮尔伯格的电影所营造的氛围将这种恐惧感提升到了前所未有的高度。经历了重重考验的环球影业决定将全部精力投入影片的宣传，志在将《大白鲨》推广为影史上第一部暑期大片。上映前8个月，制片方邀请本奇利和其他6个编剧中的两位参与电影和书的营销。编剧们接受了众多的采访，唯一目的就是宣传大白鲨是在假期出现的一头嗜血如命的可怕怪兽。1975年6月20日，该片一上映，制片公司便发起了电影史上最大规模的宣传活动：450多家影院同时放映，所有的电视和广播频道在美国领土持续播放3天宣传广告，里面全是尖叫、嘶吼以及可以想象得到的关于大白鲨的最恶意的描绘。营销专门针对正在海滨浴场度假的人群……也正是在这些地方，大众第一次见到了专为推销某种商品而设计的陈列柜台。T恤、海滩包和马克杯因为被印上那张著名海报图而大卖，海报描绘了一名正在游泳的年轻女子浑然不觉自己即将被大白鲨生吞的场景，整蛊商店里卖的塑料鱼鳍也取得了前所未有的成功。不久以后，这张海报被好几个品牌和游说集团改编，政党们也利用这个机会妖魔化他们的敌人。《大白鲨》取得了意想不到的成功，成为第一部达到1亿美元票房的传奇电影，把科波拉的《教父》和弗莱德金的《驱魔人》远远甩在后面——这两位新好莱坞电影[6]的坏小子也刚刚大放异彩。6个星期之后，每8个美国人中就有1个看过《大白鲨》。斯皮尔伯格成功地"发明"了一台"恐怖制造机"。

认识它们，理解它们

通过上面这些例子，我们明白了为什么人们倾向于将鲨鱼看成有害的动物。若不是鲨鱼中的许多种类濒临灭绝，这件事也没那么严重。然而，刻板印象并不容易改变。科学家们白白挖空心思注意措辞，建议用"相遇"或者"人鲨互动"，而不是"攻击"[7]一词，但陈见和虚假的事实总是很难自行消除。实际上鲨鱼并不喜食人类。它们不喜欢啃人类的硬骨头，那跟柔软的海豹皮完全没法比。也正是基于这个原因，在大多数情况下，鲨鱼如果咬到人类会立即把他吐出来。这就解释了为什么在鲨鱼袭击事件中，人类受伤的案例多于死亡的案例。您将要看到的这本书不会针对这些问题，也会特意避开令人焦虑的一面。相反，贝尔纳·塞雷希望从积极的角度出发，让我们了解鲨鱼之所以被当成海洋里最不讨人喜欢的生物，实际上都是由错误的观念和不可思议的误解造成的。

达维德·范德默伦

比利时漫画家，《图文小百科》系列主编

注 释

1 托马斯·伍德罗·威尔逊（Thomas Woodrow Wilson，1856—1924），美国第28任总统。

2 即后来被投放到广岛和长崎的两颗原子弹。

3 雅克-伊夫·库斯托（Jacques-Yves Cousteau）和路易·马勒（Louis Malle），《沉默的世界》（*Le Monde du Silence*），1956年获得金棕榈奖。——原书注

4 在电影中，捕鲨者昆特是印第安纳波利斯号的幸存者。他的经典独白场景还原了这场灾难的经过。——原书注

5 《大白鲨》的成功直接让弗娜·菲尔兹当上了环球影业的副总裁，使她成为最早在大型影业公司担任高管的女性之一。——原书注

6 新好莱坞电影指的是1967～1976年，好莱坞电影在经历了意大利新现实主义电影和民族电影兴起的影响以及法国新浪潮的冲击之后，在经历了自身20世纪50～60年代的商业影片制作的衰退与电视对电影制作的冲击之后，于60年代后半期和70年代，开始对类型电影从形式到主题进行反思。而在另一方面，美国社会的动荡与政治的危机、电影旧体制与旧观念的危机，都成为这一时期电影革命与演变的主要背景及因素。

7 人类与鲨鱼的接触总是偶然发生的，或因鲨鱼对人类的误判而发生，如果你接受这一观点，就会赞同这些谨慎的措辞实际上是很明智的。——原书注

什么是鲨鱼？

法国国家自然历史
博物馆

巴黎，
皇家植物园

尽管鲨鱼有着
"传奇般的"知名度，但人类
也不过是在最近 20 来年才开始
系统研究鲨鱼这种生物。

人们对它感兴趣是
出于多种原因。

了解鲨鱼有助于
我们了解人类的起源，
因为它们属于软骨鱼纲，
是脊椎动物进化阶段最
原始的一环之一。

鲨鱼的系统分类盘
点目前还没有完成。

16% 的物种是在
过去 15 年才被
发现的。

贝尔纳·塞雷，鲨鱼学家。

有些鲨鱼种类现在
成了濒危物种。

研究它们有助于
更好地保护它们。

2

另外，鲨鱼在海洋生态系统里发挥的作用直到最近才被证实。

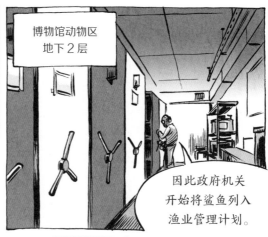

博物馆动物区地下2层

因此政府机关开始将鲨鱼列入渔业管理计划。

有些鲨鱼种类被用作生物实验。

猫鲨相当于实验室中的"小白鼠"。

定义鲨鱼最好、最直观的方式就是将其与"硬骨鱼类"（普通鱼类）进行对比。

两者最主要的区别就是骨骼类型的不同。据此我们可以将其分为两大类：

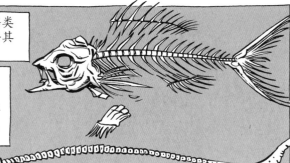

硬骨鱼纲（例如金枪鱼、沙丁鱼、鳎鱼）和软骨鱼纲（鲨鱼、鳐鱼、银鲛）。

软骨柔软轻盈，这对捕食性动物来说非常有利。

鲨鱼有牙齿！

硬骨鱼也有牙齿，但是鲨鱼的牙齿长在牙床上。位于最前排的牙齿是真正起作用的部位，可以用于捕获猎物。

当前排的牙齿自然脱落或者折断后，后面一排的"备用"牙齿会补足空缺位置。

这个牙齿系统就像是传送带，一条鲨鱼一生中会产生数万颗牙齿。

不同于大部分的硬骨鱼，鲨鱼是没有常规的鳞片的。但是它们的皮肤上覆盖着数百万个细齿结构（盾鳞结构）：皮齿。

硬骨鱼的牙齿长在上下颌的牙槽骨上，就跟人类一样。（这就是为什么我们按这些牙的时候会感觉到疼痛。）

皮齿是非常小的牙状结构，内部有一个髓腔，受神经支配，含有血管。这些"细齿"实际上与牙齿是同源器官。

皮齿不会长大，它们脱落后会被更大的皮齿取代。

硬骨鱼的鳞片随着鱼的生长而长大，鳞片上的年轮可以用来推测它的年龄。

硬骨鱼的鳍覆有鳍膜，由鳍棘或分支鳍条支撑，收缩自如。

鲨鱼的鳍是肉质的，相对比较僵硬。鳍内的支撑物是辐状软骨和角质鳍条（鱼翅羹的主要原料！）。

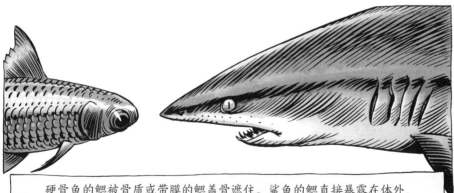

硬骨鱼的鳃被骨质或带膜的鳃盖骨遮住。鲨鱼的鳃直接暴露在体外，即位于头部两侧的 5 ～ 7 对鳃裂。

不同于大部分的硬骨鱼，鲨鱼没有鳔，无法借助鱼鳔来控制身体沉浮。相对应地，它们除了软骨骨骼本身比较轻外，肝脏还有很多油脂，可以通过控制油脂含量来控制沉浮。

跟硬骨鱼相比，鲨鱼的肠子非常短，其中一段具有独特的结构：螺旋状瓣膜，肠子内壁是呈螺旋状卷曲的，这样可以扩大吸收面积，而不用增加肠道长度。

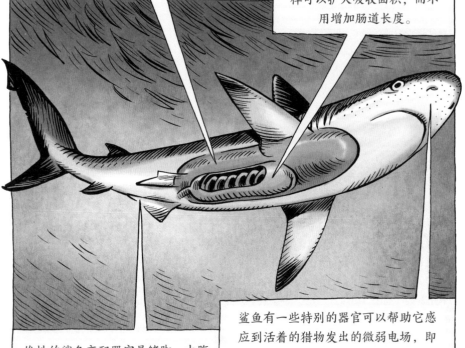

雄性的鲨鱼交配器官是鳍脚，由腹鳍演化而来。鲨鱼是体内受精的动物：通常由一条雌性跟一条或者几条雄性进行交尾……

鲨鱼有一些特别的器官可以帮助它感应到活着的猎物发出的微弱电场，即罗伦氏瓮。人们如果观察其口鼻部，特别是头部腹面的周围，可以看到很多细小的孔，这些就是罗伦氏瓮的开孔①，罗伦氏瓮隐藏在皮肤下面。

如果一条鱼具备所有这些特征，以及其他一些隐藏特征……

那就是一条鲨鱼！

① 这些长得像"黑头粉刺"的圆点里面充满电传导胶质物，底部布满一种叫作"感觉毛"的毛状细胞。电流穿过胶质物流向纤毛。"黑头粉刺"的数量取决于鲨鱼狩猎范围的大小，活动能力强的鲨鱼的"黑头粉刺"可以有1500个左右。

鲨鱼的祖先
是谁?

弓鲛①

鲨鱼有着漫长的进化史,可以回溯到古生代,也就是 4 亿年前。

但是关于软骨鱼纲进化链的准确源头到现在还没有定论。

重构该物种系谱的困难之处在于软骨非常难形成化石。我们手里没有多少骨骼化石,古沉积层里丰富的矿化牙齿当然很有用,但还不足以用来重现其祖先真实的模样。

① 又名弓鲨,是一类已灭绝的软骨鱼类。

关于鲨鱼的进化史，我们只知道古生代的祖先——"原始鲨鱼"——跟我们如今了解的鲨鱼模样是完全不同的！

胸脊鲨①

由于鲨鱼的起源可以追溯至遥远的地质年代，因而也被称为"原始生物"，甚至是"活化石"。其实并非如此！

古老并不意味着原始。

我们把鲨鱼看成原始生物，是因为其骨骼的软骨属性。

推理依据是这样的：一般来说，脊椎动物胚胎的发育过程可以重现它进化的过程，由此得出那个著名的学说：生物发生律②。

在脊椎动物的发育过程中，软骨先于硬骨发育。在胚胎阶段，脊椎动物的骨骼是由软骨构成的，然后慢慢骨化。

鲨鱼的骨骼在成年阶段还是软骨，因此人们得出结论：鲨鱼是原始生物。

① 又名齿背鲨，是一类已灭绝的软骨鱼类。
② 生物学名词，生物发展史可分为两个联系密切的部分，即个体发育史和系统发展史，个体发育史是系统发展史简单而迅速的重演。

事实上，这是适应水下生活的一种进化。

鲨鱼的骨骼完全变成软骨后减轻了自身重量，这样它在捕食的过程中就更加灵活自如。

鲨鱼也不是"活化石"，因为它们在漫长的发展史中也进化了。
这段历史可以分为三个阶段：

古生代前期鱼类漫长的进化史中，奥陶纪和泥盆纪是鱼类演化的"黄金时代"，后者也被称为"鱼类时代"，这段时期占主要地位的是全副武装的盾皮鱼（身披甲胄）。

5.4 亿年前

2.5 亿年前

6500 万年前

古生代						中生代		
寒武纪	奥陶纪	志留纪	泥盆纪	石炭纪	二叠纪	三叠纪	侏罗纪	白垩纪

5 亿年前　4.35 亿年前　4.1 亿年前　3.55 亿年前　2.95 亿年前　　2.03 亿年前　1.35 亿年前

在盾皮鱼消失之后，石炭纪又出现了一群形状特异的鱼类（例如：栉棘鲨、沙宼锯鲨、旋齿鲨等）。大自然仿佛在尝试各种可能性，以便留下适应力最强的生物。

鱼类的物种大爆发之后就是多样性的衰减，以及多形态的消失，在侏罗纪至白垩纪时期，终于演化出今天我们所熟悉的现代鲨鱼。

在这个漫长的演化过程中，第一群拥有鲨鱼"形态"的鱼类是裂口鲨，它们出现在泥盆纪晚期，距今 3.7 亿年，但是它们的口位为端位口（而现代鲨鱼的口位为下位口）。

它们的皮齿很少……
但有一点无法确认的是，它们身上是否已经出现了现代鲨鱼特有的交配器官——鳍脚，除非到目前为止挖掘出来的所有裂口鲨化石都是雌性个体的。

别忘记"鲨鱼的同伴"：鳐鱼和银鲛。

鳐鱼是鲨鱼的近亲。

跟鲨鱼一样，鳐鱼的骨骼也是软骨，但是它们的身体是扁平的，胸鳍与头部相接，形成碟状。因为身体扁平，鳐鱼的鳃裂位于腹面。

在进化过程中，鳐鱼比鲨鱼出现的时间要晚得多（侏罗纪），以至于人们一度认为它们是从角鲨总目的一支进化来的，为了适应底栖的生活，身体形态发生了变化。但是，分子生物学的问世推翻了这种"传统的"观念。

鳐鱼并非来源于角鲨总目，而是鲨鱼的近亲。鳐总目的历史和鲨总目的一样古老。

现在的问题就是，为什么人们没有发现比侏罗纪时期更早的鳐鱼化石？

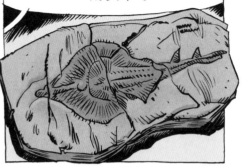

已知最早的鳐鱼形态跟现代鳐鱼很相似，我们需要想象至今未知的"缺失环节"。

银鲛一点儿都不像鲨鱼，但它们也有软骨骨骼。它们的身体呈圆锥形，身体向后渐细，尾部细长，头部呈钝圆形，眼睛很大，牙齿高度愈合为齿板，其齿板酷似鹦鹉嘴。

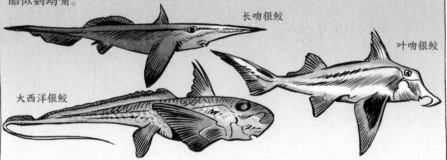

长吻银鲛

叶吻银鲛

大西洋银鲛

如今，银鲛目有 50 多个物种，绝大多数生活在深海里。在演化史上，银鲛很早就与板鳃亚纲分离。相较于其祖先，现代银鲛除了体型更大外，几乎没有变化。

鳐鱼和鲨鱼间的亲属关系在科学界始终是一种猜测。日本的一项研究表明，鳐鱼是一种扁平化的角鲨。但根据最新的分子生物学研究，鳐总目更可能是整个鲨总目（角鲨总目＋翅鲨总目）的姐妹群。

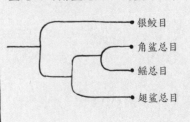

银鲛目
角鲨总目
鳐总目
翅鲨总目

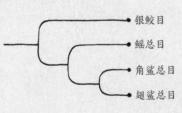

银鲛目
鳐总目
角鲨总目
翅鲨总目

鲨鱼的
多样性

尽管鲨鱼的身体结构大同小异，但是它们的外貌、颜色和体型是极其多样化的。

绝大多数鲨鱼体形呈纺锤形或者鱼雷形，但有些鲨鱼的形状非常奇怪！

长尾鲨的尾巴跟其躯干一样长。

扁鲨和斑纹须鲨的身体是扁平的。

尖背角鲨和帆鳍尖背角鲨的身体截面呈三角形，有着平坦的腹部以适应底栖生活。

巨口鲨有一个巨大的半球状脑袋，看起来像领航鲸。

皱鳃鲨的身体像海鳗一样修长，头部像蜥蜴。

大自然赋予某些鲨鱼"奇怪的"结构，例如双髻鲨的怪异头部和欧氏剑吻鲨的像鸭舌帽一样的吻。

鲨鱼的体色也是多种多样的，它们不全是白色、蓝色或者灰色。

有的鲨鱼身上是带斑点的，比如猫鲨和须鲨。

鲸鲨身上布满白色斑点和条纹。

而豹纹鲨随着年龄改变体色，幼年期的斑马纹在成年之后变成豹纹。

鲨鱼的体型差异也很大。

体型最大的是鲸鲨，它也是目前世界上最大的鱼类，平均长度12米，最长可达18米。

跟这种大海怪相反，有的鲨鱼身材非常娇小，成年后也才约20厘米长，比如雷氏光唇鲨，

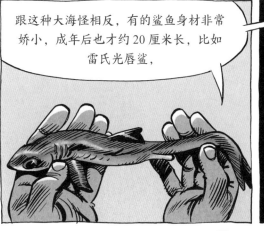

以及一些乌鲨属的物种。

但大部分鲨鱼都是小型或者中等体型的：50%的物种体长不超过1米，3%的物种体长超过4米。

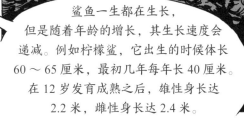

鲨鱼一生都在生长，但是随着年龄的增长，其生长速度会递减。例如柠檬鲨，它出生的时候体长60～65厘米，最初几年每年长40厘米。在12岁发育成熟之后，雄性身长达2.2米，雌性身长达2.4米。

截至 2015 年，人们命名了 530 种鲨鱼。1984 年的数据才只有 380 种！

也就是说，150 个新物种在 1984~2015 年被发现并记录下来，增长率高达 40%。

鲨鱼新物种的"大爆发"源自人们对这种鱼类越来越强烈的兴趣。

还有国际团队的努力，他们为生物多样性，特别是海洋生物建立目录，并组织了一些大型的勘察活动。

这些新物种，很多都生活在太平洋南部，尤其是印度洋-西太平洋区。

亚洲

非洲

大洋洲

海洋生物
地理区

它们中大部分都是深海鱼，这些区域和深度在过去很少有人类涉足。

在这种氛围下，我也参与了鲨鱼物种的记录工作。

我记录的种类有太平洋长唇沟鲨、

牛首角鲨、

长鳍脚锯尾鲨，

它们都分布于澳大利亚东北部附近的珊瑚海，栖息在数百米深的海水中。

还有乌鲨属的好几个物种······

最新的动物学基因分析技术有助于新物种的发现。

这种方法的优势在于,可以区分传统的比较解剖学方法无法辨别的复杂物种。

但这种方法也会造成困扰,有些情况下,分子手段辨认为不同的种类,在形态上却难以区分,反之亦然。

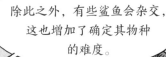

除此之外,有些鲨鱼会杂交,这也增加了确定其物种的难度。

基于以上理由,我们要谈论的是鲨鱼家族,而不是"某一类"鲨鱼——那种跟现实相差甚远的神话形象。

鲨鱼生活
在哪里？

在传统的观念中，鲨鱼总是跟温暖的热带海洋相关联。的确，热带海洋中的鲨鱼数量更多、种类更丰富。

但也有生活在温带、冷温带甚至寒带的鲨鱼。例如在大西洋东北部的温带海域中，我们记录有 80 多种鲨鱼。

在北冰洋海域，栖息着一种奇怪的鲨鱼——小头睡鲨。

其体长可超过 6 米，因纽特人通常会捕食这种鱼类，他们在浮冰上挖洞，然后用钓竿来捕捉它们。

这种鲨鱼的肉含有氧化三甲胺（TMAO），因而有毒，在食用前要经过浸泡处理。

它的下颌齿呈锯齿状排列，被当地女性拿来做剪头发的剃刀。

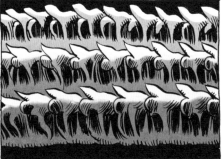

还有生活在淡水中的鲨鱼。

有些鲨鱼可以生活在河口的半咸水中，以及热带河流的淡水中。

其中最出名的就是低鳍真鲨。

它们曾经大量分布于尼加拉瓜湖泊水系中，如今在该水系中消失了。

这种鲨鱼可以洄游到亚马孙河和赞比西河（位于非洲）等大河中，最远可上溯至距离入海口数千米之遥。

另一种生活在淡水中的鲨鱼是恒河露齿鲨，过去比较有名，后来在恒河中绝迹了。①

① 该物种曾一度被认为已灭绝，但在 2016 年 2 月，鱼类学家在孟买鱼市上意外地发现了恒河露齿鲨。

在海洋里，从海岸线一直到深渊带都能找到鲨鱼的身影。

鲨鱼的最深分布纪录将近 4000 米！纪录保持者为腔鳞荆鲨，一种中等大小的鲨鱼（体长约 1.2 米），分布于世界各地的深层水域。

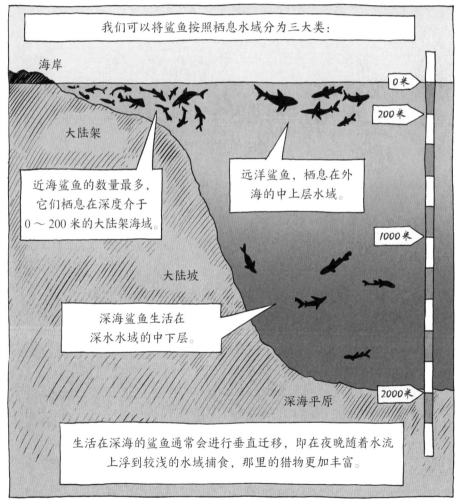

我们可以将鲨鱼按照栖息水域分为三大类：

海岸

大陆架

0 米

200 米

近海鲨鱼的数量最多，它们栖息在深度介于 0 ～ 200 米的大陆架海域。

远洋鲨鱼，栖息在外海的中上层水域。

1000 米

大陆坡

深海鲨鱼生活在深水水域的中下层。

深海平原

2000 米

生活在深海的鲨鱼通常会进行垂直迁移，即在夜晚随着水流上浮到较浅的水域捕食，那里的猎物更加丰富。

例如，身长 60 厘米的巴西达摩鲨，日间栖息于深层水域，在夜幕降临时却可以为了捕食向上层水域迁移 2 千米。

它强大的下颌可以在比它体型更大的猎物，如金枪鱼、海豚等体表留下圆形的伤痕（因此英国人给它取了一个"饼干模切机"的外号）。

相反，还有些近海鲨鱼可以在数厘米深的浅水里游动，甚至可以在珊瑚礁上爬行，例如斑点长尾须鲨在退潮的时候捕食，潮水退去后，浅海的礁石会露出水面，此时斑点长尾须鲨会利用其胸鳍在礁石间的潮池中移动。

鲨鱼在它们各自所属的海域
活动。

有些鲨鱼种类在固定区域生活，
还有大量鲨鱼会进行大规模的迁徙活动。

这些活动范围是水平的
（地理层面）或垂直的
（水深层面）。

最新的电子信号探测技术革新了
研究动物迁徙的工作方法。

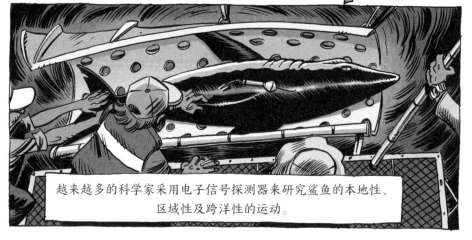

越来越多的科学家采用电子信号探测器来研究鲨鱼的本地性、
区域性及跨洋性的运动。

最早让人觉得震惊的研究发现之一，是"妮科尔"的跨洋之旅，它是一头雌性噬人鲨，身长达 3.8 米，在南非被装上卫星信号探测器。它穿越了印度洋，航程 11000 千米，历时 99 天，来到澳大利亚的西北海岸线，平均每天游 110 千米。

南非　　　　　　印度洋　　　　　　　澳大利亚

在它的旅行中，妮科尔一般在水面游动，但定期会潜入 500 ～ 1000 米深的水下。它离开南非 9 个月之后又回到了南非。

这是人们第一次证实噬人鲨可以进行长距离迁徙，而且对它的出发地表现出"忠诚"。

鲨鱼在水下的行进路径，通常与海底的地形起伏相呼应，人们认为这是为了方便鲨鱼更好地在磁场中辨别方向，因为磁场线大多集中在深水层面。

鲨鱼如何繁衍
后代?

鲨鱼繁衍后代是通过一条雌性鲨鱼与一条或多条雄性鲨鱼交配来实现的。

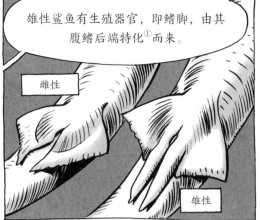

雄性鲨鱼有生殖器官,即鳍脚,由其腹鳍后端特化①而来。

雌性

雄性

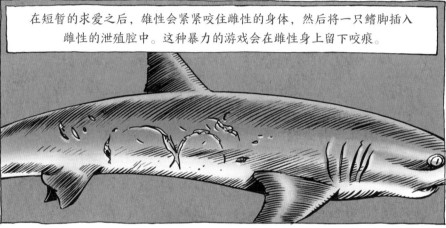

在短暂的求爱之后,雄性会紧紧咬住雌性的身体,然后将一只鳍脚插入雌性的泄殖腔中。这种暴力的游戏会在雌性身上留下咬痕。

鲨鱼胚胎的发育分为三种模式。

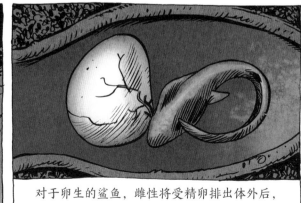

对于卵生的鲨鱼,雌性将受精卵排出体外后,里面的胚胎会通过吸收卵黄囊来发育。

① 特化是由一般到特殊的生物进化方式。指物种适应了某一独特的生活环境,形成局部器官过于发达的一种特异适应。

27

这些卵外面包裹着坚固
的卵鞘，幼鲨发育成熟
后会从中钻出。

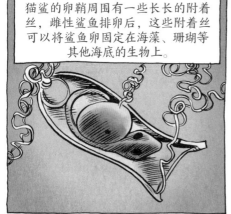

猫鲨的卵鞘周围有一些长长的附着
丝，雌性鲨鱼排卵后，这些附着丝
可以将鲨鱼卵固定在海藻、珊瑚等
其他海底的生物上。

虎鲨[①]的卵鞘呈螺旋状，
可以被钉在海底的不平坦处。

约 40% 的鲨鱼
是卵生的。

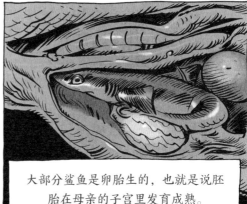

大部分鲨鱼是卵胎生的，也就是说胚
胎在母亲的子宫里发育成熟。

① 此处的虎鲨指虎鲨目（Heterodontiformes）下属的物种，与俗称"虎鲨（Tiger Shark）"的鼬鲨并非同一
物种。

卵胎生鲨鱼的胚胎被薄膜包住，受到母亲子宫的庇护，依靠吸收自身卵黄的营养来发育。

这是鲨鱼胚胎最常见的发育方式，涉及将近 50% 的种类。

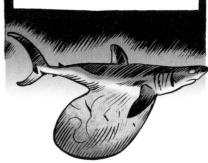

最后还有 10% 的鲨鱼是胎生的。它们的卵黄囊转变为名副其实的胎盘[①]，母体可直接给胎儿提供营养。

大青鲨、低鳍真鲨、双髻鲨都属于这种类型。

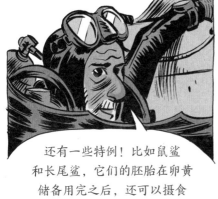

还有一些特例！比如鼠鲨和长尾鲨，它们的胚胎在卵黄储备用完之后，还可以摄食子宫里未受精的卵。

有些种类的胚胎甚至以其他胚胎为食，例如锥齿鲨，这种现象被称为"凯恩主义"（子宫内同类相食）。

① 此处的胎盘为卵黄囊胎盘，与真兽亚纲的尿囊胎盘相比结构上更为原始。

最近有报道称，水族馆中圈养的"处女"31号鲨鱼出现了产子的情况。

与所有雄性同类隔离的雌性鲨鱼会产下受精卵，其中有些后代还可以存活下来！有的雌性鲨鱼在交配几个月后，体内的精子仍具有活性。但水族馆中的雌性鲨鱼与雄性的隔离期如此之久，很难解释这些受精卵是如何产生的。

还有一个现象也值得一提：雌核发育。1990年，人们在比利时列日的水族馆第一次观察到了这种现象。一条雌性鲨鱼与另一个物种的雄性鲨鱼交配后，刺激了卵子的发育，但卵子中没有任何"父亲"的基因。幼崽完全是母亲的克隆体！

孤雌生殖（雌性独自繁殖后代）在鲨鱼中似乎很少见，还有待证实[1]。

关于"性反常"领域，人们曾发现过一例黑边鳍真鲨与其近缘种蒂氏真鲨相杂交的情况。这两种鲨鱼的交配过程没有被观察到，但是研究人员在对澳大利亚黑边鳍真鲨与蒂氏真鲨种群做基因分析时发现了这种杂交现象。

① 孤雌生殖现已在窄头双髻鲨、豹纹鲨等物种身上得到了证实。

鲨鱼的繁衍策略更像是哺乳动物，而非其他鱼类。

鲨鱼作为顶级掠食者，在大自然中的天敌很少，它不需要繁衍太多后代来维持其群体数量。

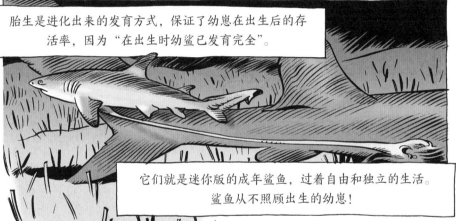

胎生是进化出来的发育方式，保证了幼崽在出生后的存活率，因为"在出生时幼鲨已发育完全"。

它们就是迷你版的成年鲨鱼，过着自由和独立的生活。鲨鱼从不照顾出生的幼崽！

但是胎生的代价是生殖力变弱。这取决于母亲的个头：雌性越大，能生产的幼崽越多。

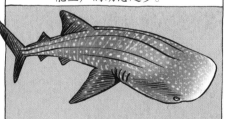

最多产的鲨鱼是鲸鲨，已知一胎能产 300 个幼崽，幼崽身长 45 ～ 75 厘米。

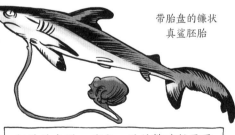

带胎盘的镰状真鲨胚胎

但总的来说，鲨鱼一胎的繁殖数量要比硬骨鱼类低得多，有些鲨鱼每胎只产 1 ～ 2 个幼崽，鲨鱼的妊娠期还很长，白斑角鲨需要 24 个月，皱鳃鲨则需要 3 年。

鲨鱼的年龄
和生长情况

鲨鱼的一生都在生长！但是它们的生长速度随着年纪增长而变化。例如，鼬鲨出生时体长 40 ～ 90 厘米，第一年身长翻倍……

然后生长速度减缓，每年长 35 厘米，直到身长 2 米左右，从 3 米开始每年只长 10 厘米。雄性在 7 ～ 8 岁时进入性成熟期，身长 2.7 ～ 3 米。雌性在 8 ～ 11 岁时性成熟，身长 3.3 ～ 3.5 米。

鼬鲨

白斑角鲨出生时身长才 18 ～ 30 厘米，它们在 10 ～ 25 岁时性成熟，身长达到 51 ～ 100 厘米。

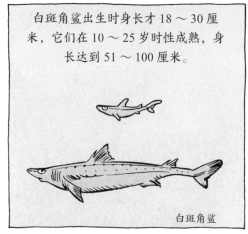

白斑角鲨

小斑猫鲨出生时身长 10 厘米左右，3 ～ 5 岁性成熟时长到 40 ～ 44 厘米。

小斑猫鲨

用专门的卡尺测量鲨鱼的身长。

判断鲨鱼的年龄并不容易。它们没有常规的鳞片，不像硬骨鱼类，可以通过鳞片的年轮计算它们的年龄（就像是树木的年轮）。

通过观察椎骨的年轮可以测定鲨鱼的年龄。

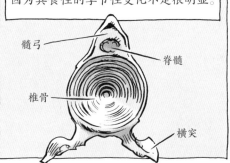

这些年轮是交替性的一条深一条浅，但在热带海域的鲨鱼身上比较少见，因为其食性的季节性变化不是很明显。

髓弓

脊髓

椎骨

横突

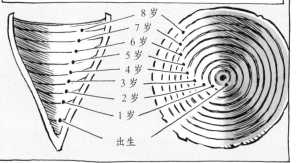

还有一点要着重说明，年轮是每两条算一年（一条深的，一条浅的）。

8 岁
7 岁
6 岁
5 岁
4 岁
3 岁
2 岁
1 岁

出生

最后，获得的数据会被转换为方程式和图表。

其中最知名的是冯·贝塔郎菲提出的个体成长模型，它很好地呈现出鱼体的生长速度随年龄变化的规律，即未成年时快速增长，性成熟之后速度突然放缓。

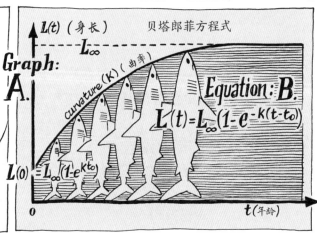

$L(t)$（身长）　　　贝塔郎菲方程式

L_∞

Graph: A.

curvature (K)（曲率）

Equation: B.

$$L(t) = L_\infty (1 - e^{-k(t-t_0)})$$

$L(0) = L_\infty (1 - e^{kt_0})$

t（年龄）

0

我们还有其他方法来判断鲨鱼的年龄和生长情况：染色标记法、碳-14 测定法，以及水族馆观察法。

鲨鱼的生长是持续性的，因此我们更难判断它的寿命。

大西洋刺鲨

学术界普遍承认鲨鱼的"平均"寿命是 20～30 岁。但也有超级长寿的情况，例如大西洋刺鲨可以活到将近 70 岁。

大白鲨

噬人鲨可以活到上百岁①。

小头睡鲨

最高纪录由小头睡鲨保持，它们的生长速率很低，一年才长 1 厘米，根据已知的最大体型判断，最老的个体可以活到约 200 岁。②

① 目前学术界公认的噬人鲨寿命是 30～73 岁。
② 2016 年，科学家根据对小头睡鲨眼球晶体碳-14 相对含量的测定结果，得出已知个体最大年龄约 392 岁±120 岁，这使其成为已知最长寿的脊椎动物。

鲨鱼吃什么？

所有鲨鱼都是食肉的[①]。

它们的猎物多种多样，但总的来说以鱼类为主，还有虾蟹、海螺、章鱼、乌贼等，甚至有海龟和海洋哺乳动物，偶尔也会吃海鸟。

很多鲨鱼都来者不拒，什么都吃。有的品种则有特定的食物选择。

虎鲨以海胆和海螺为食，它用一排排的牙齿碾碎其硬刺和外壳。

无沟双髻鲨很爱吃魟鱼。

小口沙条鲨几乎只吃章鱼。

鲨鱼的饮食习惯根据生长的阶段而有所变化。未成年的噬人鲨主要吃鱼，成年后更喜欢富含脂肪的猎物，例如海洋哺乳动物，以便为它们剧烈的生存活动提供必要的能量。

① 这一说法过于绝对，实验表明窄头双髻鲨在自然环境下能够摄食并消化海草；针对鲸鲨的同位素分析也表明鲸鲨会进食马尾藻等植物。

牙齿的形态体现了鲨鱼进食模式的变化：未成年的噬人鲨牙齿又长又尖，适合捕食鱼类；

成年噬人鲨的牙齿更宽大，有非常锋利的锯齿，可以让它们"生切"猎物。

鲨鱼捕食的手段根据种类不同有所差异。扁鲨采用偷袭的方式，借助拟态与海底融为一体，一旦猎物出现在袭击范围内，就发动突袭。

也有随着水流捕食的鲨鱼。比如尖吻鲭鲨就会这样追捕它的猎物。

鲨鱼有着食腐肉的坏名声。虽然它们偶尔会啃食海中漂浮的鲸尸，但它们其实不喜欢高度腐烂的肉，腐肉释放出来的氨味会让它们难以忍受。

某些深海鲨鱼的捕食方式非常特别。欧氏剑吻鲨可以伸出上下颌抓住猎物。深海中的食物很少，任何一点都不能放过。

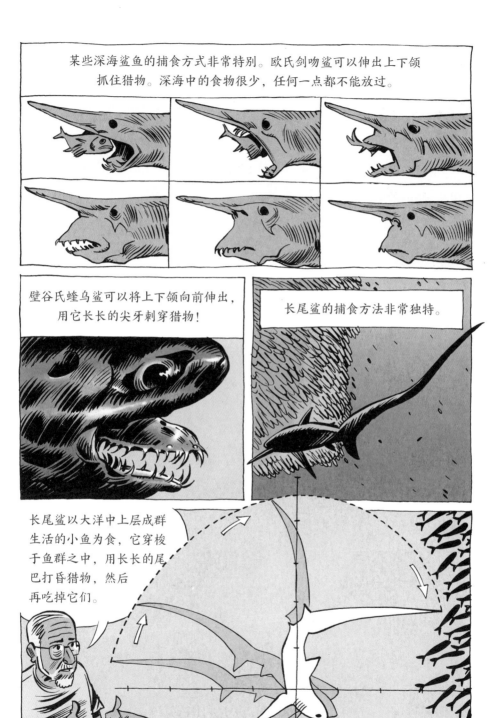

壁谷氏蝰乌鲨可以将上下颌向前伸出，用它长长的尖牙刺穿猎物！

长尾鲨的捕食方法非常独特。

长尾鲨以大洋中上层成群生活的小鱼为食，它穿梭于鱼群之中，用长长的尾巴打昏猎物，然后再吃掉它们。

鼬鲨非常不讲究，只要能嚼的都吃，哪怕是最难以想象的食物。

在戈雷岛的海洋博物馆中，展出了一个人们在鼬鲨的胃里找到的达姆达姆鼓。

如果吞下了不能消化的食物，有些鲨鱼可以把胃翻出来，然后吐掉食物。

有时候鲨鱼会捕食同类，体型大的吃掉体型小的。在分娩时，某些母亲甚至会毫不犹豫地吃掉自己的后代。

最后还有一些特例，被称为"滤食性鲨鱼"的物种：姥鲨、鲸鲨、巨口鲨。

这三种鲨鱼都有巨大的口和巨大的鳃耙，可以过滤大量的水，同时留下小生物聚集在口中供吞咽。

姥鲨

鲸鲨

巨口鲨

鲨鱼界的规则就是"利己"。

镰状真鲨

锥齿鲨

灰三齿鲨

低鳍真鲨

然而，在几次观察中，我们看到某些种类可以通过合作来抓捕猎物，有点像狼群的模式。

电影中展现的鲨鱼进食时的狂热，其实是很罕见的事件，只发生在某些特定环境里。当刺激源（刺激视觉、听觉、味觉等）过于密集和强大，鲨鱼的感官处于饱和状态，就会造成无秩序的攻击行为：它们会撕咬在猎食范围内的所有东西！

人们只在漂浮的鲸尸周围，以及第二次世界大战期间耸人听闻的海难现场，看到过这些行为。

鲨鱼的咬合力是惊人的。实验数据显示其咬合力达到了每平方厘米 2～3 吨。

这要归功于其极其锋利的牙齿。

很多鲨鱼不是每天都需要进食！

一旦胃被填满，它们可以好几天甚至好几个星期不进食。

人们计算过，鲨鱼每次的进食量大概占其体重的 3% ~ 5%。

上下颌是它们抓捕猎物的利器，消化工作则留给胃。消化的过程是很快的，但也取决于环境温度：在热带海域只用一天就能完成，而在温带海域里需要 3 ~ 6 天。

鲨鱼不需要咀嚼食物，它们直接囫囵吞下。

大型大洋性鲨鱼（如噬人鲨、尖吻鲭鲨）需要迅速调动起身体的能量……

为了促进消化，它们会让身体某些部位处于恒温状态，比如内脏就比环境温度高 10 摄氏度左右。

噬人鲨

尖吻鲭鲨

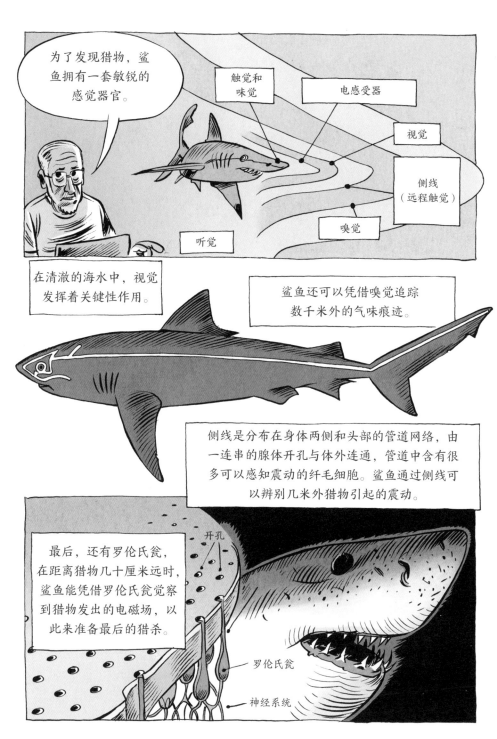

为了发现猎物，鲨鱼拥有一套敏锐的感觉器官。

触觉和味觉

电感受器

视觉

侧线（远程触觉）

嗅觉

听觉

在清澈的海水中，视觉发挥着关键性作用。

鲨鱼还可以凭借嗅觉追踪数千米外的气味痕迹。

侧线是分布在身体两侧和头部的管道网络，由一连串的腺体开孔与体外连通，管道中含有很多可以感知震动的纤毛细胞。鲨鱼通过侧线可以辨别几米外猎物引起的震动。

最后，还有罗伦氏瓮，在距离猎物几十厘米远时，鲨鱼能凭借罗伦氏瓮觉察到猎物发出的电磁场，以此来准备最后的猎杀。

开孔

罗伦氏瓮

神经系统

鲨鱼的行为

鲨鱼依靠身体的扭动和尾鳍的摆动来游动。其他的鳍主要起保持平衡和控制方向的作用。

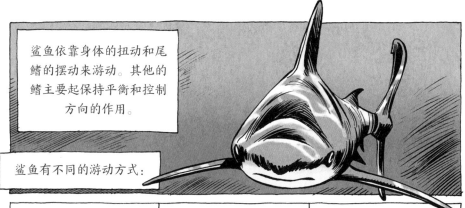

鲨鱼有不同的游动方式：

鳗游式：整个身体扭动，跟鳗鱼类似（例如：猫鲨、皱鳃鲨）；

鳟游式：身体后部扭动，前端保持相对静止（例如：灰真鲨）；

鲔游式：大型远洋性鲨鱼靠摆动尾鳍前行（例如：鼠鲨）。正因如此，它们的尾鳍巨大且上下对称，与身体末端呈流线型的细长尾柄相连。

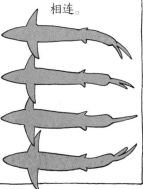

鲨鱼是"游泳好手"，符合流体力学的外形有助于其游动，尾鳍的形状也起了重要的作用。鲨鱼的尾鳍通常是歪形尾，也就是说尾鳍上叶比下叶明显更大，这一点可以弥补鲨鱼浮力的不足。皮肤上的盾鳞减少了身体两侧的湍流，亦有助于鲨鱼在水中前行。

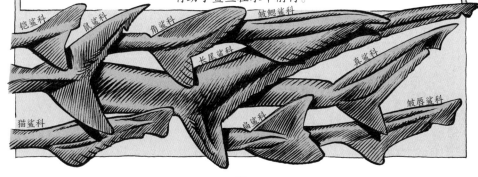

铠鲨科　鼠鲨科　角鲨科　长尾鲨科　真鲨科
猫鲨科　　　　　　皱鳃鲨科　猫鲨科　皱唇鲨科

有些鲨鱼可以在水里悬停，不会沉下去。

姥鲨和鲸鲨可以在水面附近悬停。因为它们的肝脏含有丰富的油脂，可帮助它们漂浮。锥齿鲨则通过浮出水面吞入空气给自己的胃充气，以保持浮力。

通过实验室的实验以及海底测距观察，我们可以估算出某些鲨鱼的游动速度。

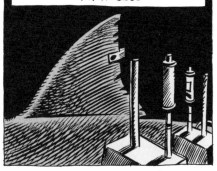

它们在海中游弋的平均时速是 2.5 千米，但在捕食时，最高时速可达到 60 千米。

速度最快的鲨鱼是尖吻鲭鲨，平均时速通常为 40 千米，最高可达 75 千米。

这种鲨鱼最著名的行为是高高跃出水面数米。

最慢的鲨鱼要数小头睡鲨了，估算其游动速度每小时还不到 1 千米，但是它们在捕猎海豹时，可以通过瞬间冲刺来抓获猎物。

以浮游生物为食的姥鲨平均游速约为 5 千米每小时。做个对比，一位奥运游泳选手的速度可以达到 8 千米每小时，但仅能保持几十秒时间。

不停游动对于某些鲨鱼来说是必要的，它们靠这个方式来呼吸。但是它们"注定"要游个不停吗？

它们从不睡觉吗？

鲨鱼的睡眠仍是个谜。

如果说栖息在中下层水域的鲨鱼有着明显的休息时期，那么那些大型中上层鲨鱼呢？它们有没有 2～3 分钟的打盹，跟海豚一样，在那期间，只有一半的大脑在运作？它们会梦游吗？

很可能。因为运动神经中枢位于延髓，它们完全可以在大脑休眠的情况下继续游泳。

遥测技术的发展也许可以在不久的将来告诉我们答案。

鲨鱼是典型的迁徙动物。

它们季节性的迁徙活动与繁衍后代和寻找食物有关。

这些迁徙通常是地理位置层面的，从一个地方移动到一个相距较远或较近的地方，但也有水深层面的垂直迁徙，即在浅海和深海之间迁移。

我们见证了雌性噬人鲨"妮科尔"跨越印度洋。

在墨西哥的瓜达卢佩保护区（太平洋），电子浮标记录的数据显示雄性噬人鲨每年在一个名为"鲨鱼咖啡馆"的外海地带和瓜达卢佩岛的海岸线之间往返。而雌性在瓜达卢佩岛交配之后，整个妊娠期都待在外海，春天才回到加州湾分娩，之后回到瓜达卢佩岛开始新的轮回。

交配
9 月 / 10 月

分娩
4 月 / 8 月

多迈耶（Domeier）和纳斯比·卢卡斯（Nasby Lucas）2013 年研究数据。

鲨鱼没有发声器官，也没有
硬骨鱼类的鳔那样的共鸣腔，
因此它们不会发声。

然而，潜水员听到过鲸鲨发出类似
蛙鸣的声音。

绒毛鲨可以通过在胃部储水，让自己膨胀起来，类似河豚。当人们在钓这
种鲨鱼时，它会把胃中的水排空，这种排水声听起来像狗叫。

虎鲨用强有力的颌咬碎海胆和软
体动物的外壳时会发出咬牙切齿
般的"嘎吱"声。

生物发光：
消光剪影①。

黑腹乌鲨

有一类鲨鱼可以发光，它们的
名字——灯笼乌鲨——也由此而来。

① 一种主动式伪装的方法，在某些海洋生物中能看到，以使身体的亮度和波长与背景相匹配，来达到与背景融
为一体的隐身效果。

它们的发光器官位于腹部，
环绕在性器官周围，还有尾部。
所谓"发光"其实是一种荧光酶产
生的化学反应。当它们随着水流向上游动
时可以通过发光模糊自己的身影，它们还可以根据
环境光调节自己的亮度，以便在潜在的捕食者面前"隐身"。

鲨鱼是群居
动物吗？

它们以个体主义出名，
但也有案例显示它们具
有一定的群居性。

某些种类的鲨鱼会结群活动，其成员数量甚至可达
数百条，例如：路氏双髻鲨、锥齿鲨、灰三齿鲨。

最近，人们在法属波利尼西亚的莫雷阿岛发现以
"族群"为单位生活的乌翅真鲨。在这里观察到的
鲨鱼群的行为并不是随机的，而是跟个体间关系
的亲密程度对应。

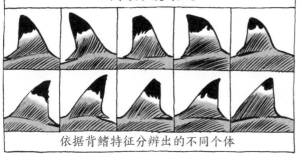

依据背鳍特征分辨出的不同个体

这是第一次在鲨鱼
身上发现的"社交网络"
证据。

鲨鱼之间怎么交流？

最明显的交流方式就是运用肢体语言来交流：身体摆出来的姿态就是信号。

当有入侵者闯入黑尾真鲨的领地时，后者会采取一种进攻式的游泳姿态，背部拱起，胸鳍下垂，整个身体呈扭曲状。

最近，人们观察到了南非噬人鲨的几种交流方式：平行游动、交叉游动等。这些是否属于这一种族的共同语言，还有待考证。

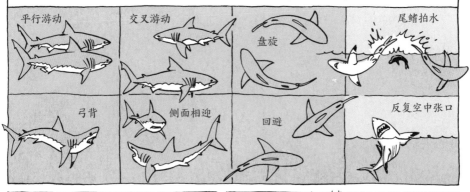

平行游动　　交叉游动　　盘旋　　尾鳍拍水

弓背　　侧面相迎　　回避　　反复空中张口

在水族馆针对鲨鱼进行的实验中，人们还发现了它们的另一种交流方式：信息素交流。

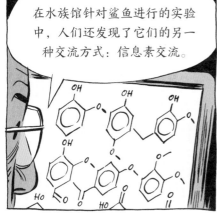

那么，鲨鱼聪明吗？

我们当然不能直接测试鲨鱼的智商。但可用间接方法来确定它们的智商。

解剖学方法在于计算大脑重量和体重之间的比值，聪明的前提是要有一个"大脑子"。这样看问题可能过于简化，但还是能给出一个初步的想法。

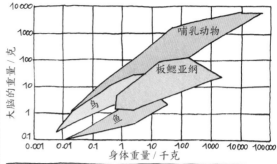

在这个图表中，我们可以看到板鳃亚纲（鲨鱼和鳐鱼）的数据可以说相当不错，它们的大脑占比大都高于硬骨鱼类和鸟类，甚至超过了很多哺乳动物。

但我们还要考虑大脑的结构。鲨鱼的大脑大部分是控制嗅觉的嗅叶。

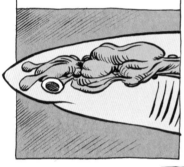

如果把动物的智商定义为适应环境的能力，那么我们也可以说鲨鱼是聪明的，因为它们经历了5次生物大灭绝，但都存活了下来！①

在这场由人类引起的第六次生物大灭绝中，它们能否再次存活？

其他方面的研究发现证明鲨鱼具备某种程度的智商。

它们可以学习，改变自己的行为，记住对它们来说不太熟悉的新行动。人们在实验池中做的测试表明，它们在练习中断数月之后，仍能记住之前接受的训练内容。

① 地球上发生过5次生物大灭绝，如果以软骨鱼纲而论，鲨鱼其实经历了5次生物大灭绝中的4次。

在自然界，它们很快就能学会定位，并有规律地返回容易获得食物的地方。

在历史上，卡宴①苦役犯监狱里的钟声预告一个去世的囚犯将被沉入海底，这也是鲨鱼抢食的时间！

在南非，有一些旅游项目是笼潜观鲨。人们不给噬人鲨喂食，而是仅仅用鱼肉的味道和海豹模型来吸引它们。

自从这种项目存在以来，鲨鱼就清楚它们吃不到任何东西，然而还是会游过来。看起来准备好了玩游戏。

它们的进攻并不可怕，它们的瞬膜也没有合上，不像真正的捕食过程。这证明了其具备一定的智商。

① 法属圭亚那首府，位于大西洋岸卡宴河口卡宴岛西北岸。始建于 1643 年。1777 年设市。从 19 世纪 50 年代至 20 世纪 40 年代是法国政治犯和囚犯流放的中心地。

人类与鲨鱼的关系

尽管媒体报道令人毛骨悚然，但鲨鱼袭击人类还是很罕见的行为。全球范围内，每年约有100起鲨鱼袭人事件，其中仅有10起左右造成了人类死亡。

这些悲剧唤起了某种本能的恐惧。

在中世纪的森林和乡村地区，狼袭人事故十分常见。人们将狼妖魔化，并差点导致这个物种的区域性灭绝。

今天，人类一步步"殖民"海洋，以至于在某些区域，他们遇到了其他的竞争者，尤其是鲨鱼！

在一些鲨鱼袭人高风险地区，比如佛罗里达州和加利福尼亚州的海滨，或者夏威夷，人们对海洋的开发与鲨鱼袭击事件的增长间有着必然联系。

鲨鱼袭击人还有其他原因，它们的自然栖息地因人类活动而被破坏就是其中之一。

在巴西，人们修建了巨大的港口，改变了鲨鱼的迁徙路径，使它们转向了巴西的累西腓海滩。在马达加斯加的塔马塔夫港，屠宰场的有机废物被倾入海中。那些主打生态旅游的潜水点也在有意地投喂鲨鱼。

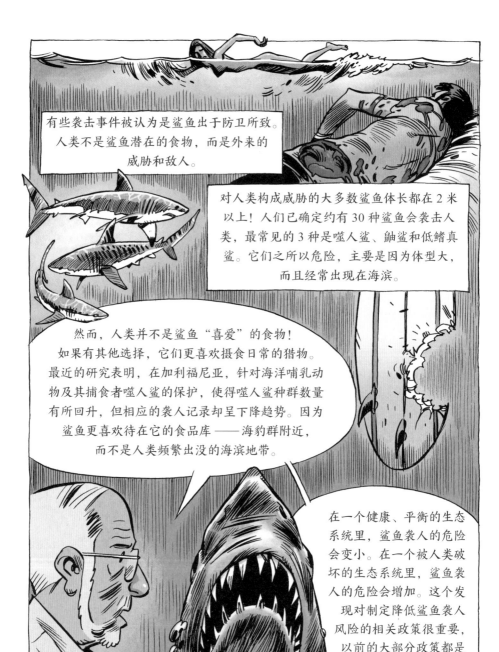

有些袭击事件被认为是鲨鱼出于防卫所致。人类不是鲨鱼潜在的食物，而是外来的威胁和敌人。

对人类构成威胁的大多数鲨鱼体长都在 2 米以上！人们已确定约有 30 种鲨鱼会袭击人类，最常见的 3 种是噬人鲨、鼬鲨和低鳍真鲨。它们之所以危险，主要是因为体型大，而且经常出现在海滨。

然而，人类并不是鲨鱼"喜爱"的食物！如果有其他选择，它们更喜欢摄食日常的猎物。最近的研究表明，在加利福尼亚，针对海洋哺乳动物及其捕食者噬人鲨的保护，使得噬人鲨种群数量有所回升，但相应的袭人记录却呈下降趋势。因为鲨鱼更喜欢待在它的食品库 —— 海豹群附近，而不是人类频繁出没的海滨地带。

在一个健康、平衡的生态系统里，鲨鱼袭人的危险会变小。在一个被人类破坏的生态系统里，鲨鱼袭人的危险会增加。这个发现对制定降低鲨鱼袭人风险的相关政策很重要，以前的大部分政策都是借助于密集捕杀，通过消灭鲨鱼来试图"摆脱"鲨鱼的威胁。

可以肯定的是，大部分人类与鲨鱼之间的交手，结果对鲨鱼来说都很糟糕。

事实上，人类从远古时期就已经开始捕捞鲨鱼。

人类捕捞鲨鱼并不是新鲜事，但在很长一段时间里其规模都较小。在二十世纪六七十年代，渔业生产进入工业化阶段，鱼类尤其是鲨鱼经受不起大规模的捕捞，这导致其数量逐渐下降。

软骨鱼的产量从 1959 年的 28 万吨上升到 2000 年的 90 万吨。从 2003 年以来，软骨鱼捕捞量开始下降，其真实产量，包括偷猎和被抛弃的，总计约 160 万吨。主要生产国有印度尼西亚、西班牙、哥斯达黎加和印度。欧洲贡献了全球产量的 20%。[1]

人们捕捞鲨鱼主要是为了吃它的肉，可以用盐渍或者烟熏后食用，鲨鱼鳍则有着更大的商业价值。

鱼鳍被用来做著名的鱼翅羹，这种羹在亚洲很出名，一碗鱼翅羹可以卖到 100 多欧元（合 700 多元人民币）。因其价格昂贵，故多被用来招待贵客或在隆重的场合享用。

① 近几年来，全球鲨鱼捕捞量稳定在 70 万吨左右。

在 20 世纪 90 年代，有些国家居民的生活水平提高了，对这道佳肴的需求也随之上涨，被捕捞的鲨鱼数量增加，甚至出现了"割鳍弃鲨"的野蛮操作。

这种操作方式就是将鲨鱼的鳍割下来，然后把"净鳍"后的鲨鱼扔回海里（有时候还活着）！这既是生态破坏，也是经济浪费。这种行为在环保组织的干预下有所收敛，或者被规范化。

鲨鱼的软骨可以被磨成粉制成胶囊，用于治疗关节疼痛。

鲨鱼的肝油富含维生素和角鲨烯，可以用来做美容品或药品的中间体，还可以用于精密机械的润滑。

某些鲨鱼的皮可以制成具有装饰效果的结实皮革，用于制造奢侈品行业的皮革产品。

鼬鲨和噬人鲨的牙齿可以用来做项链吊坠。

生态旅游是另一种消费鲨鱼的方式！与鲨鱼亲密接触，既具有刺激感又满足了人们的好奇心，因而越来越受到潜水爱好者的青睐。

这种接触让人们揭开了鲨鱼这种神奇生物的神秘面纱，也在某种程度上证明了人类与鲨鱼的共处是可能的。

这种活动还有助于保护鲨鱼，因为活着的鲨鱼比死掉的鲨鱼更有价值。

被捕杀的鲨鱼只能贩卖一次，而活着的鲨鱼可以供数千名游客消费。

另一种消费方式则是在水族馆里展示鲨鱼。

也有人反对这种展示。

水族馆对鲨鱼的展示通常都配有科普性质的介绍，有助于保护某些种类的鲨鱼。

然而，大部分机构都很关心这些被圈养成员的饲养条件。

而且，大型水族馆为进行相关研究创造了条件，可以提供在自然界很难获取的数据。

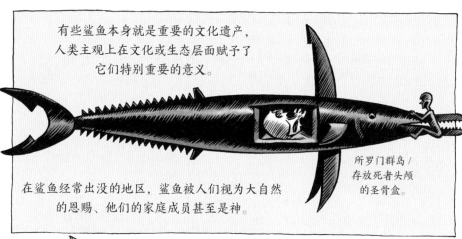

有些鲨鱼本身就是重要的文化遗产，人类主观上在文化或生态层面赋予了它们特别重要的意义。

所罗门群岛／
存放死者头颅
的圣骨盒。

在鲨鱼经常出没的地区，鲨鱼被人们视为大自然的恩赐、他们的家庭成员甚至是神。

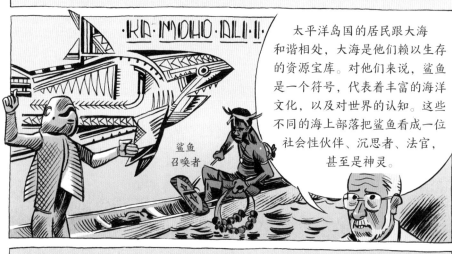

KA · MOHO · ALI · I

鲨鱼
召唤者

太平洋岛国的居民跟大海和谐相处，大海是他们赖以生存的资源宝库。对他们来说，鲨鱼是一个符号，代表着丰富的海洋文化，以及对世界的认知。这些不同的海上部落把鲨鱼看成一位社会性伙伴、沉思者、法官，甚至是神灵。

对因纽特人来说，小头睡鲨具有重要的价值。它的肉虽然有毒，但在浸泡后（用于去除毒性）可以食用，而且食用后还有类似醉酒的效果。鲨鱼下颌的牙齿还被因纽特女性拿来剪头发，或者刮擦海豹皮。

巨齿鲨的
牙齿化石

中世纪的欧洲，人们经常通过下毒来除掉敌人。

为了自我保护，贵族在餐桌上的银色祭器上面挂满了鲨鱼牙齿化石，人们认为这些化石是神的被石化的舌头。

人们将牙齿化石浸入饮料或者食物中，如果牙齿化石变色或者冒气泡就证明有毒！

作为补充的预防措施，牙齿化石的粉末也会被倒入饮料或者菜肴中。

黄金、珊瑚及
鲨鱼牙齿化石

如今，鲨鱼的文化遗产价值体现在其他方面：在广告中，鲨鱼用来传递一个商人或政客作为"捕食者"的形象；在文身中，鲨鱼则代表男性的力量。

arena

人们经常从大自然的新发现中汲取灵感，应用于科学实践。

在这一领域，受到鲨鱼皮肤盾鳞的启发，人们在航空业和潜艇外壳的流体动力学方面做了众多试验。

工程师们希望通过仿造鲨鱼皮肤的结构，来减少飞机的能源消耗，提升潜艇的流动性。某些飞机的机翼两端安装了金属凸销，用来降低气流的影响。尽管功能相同，但这种金属凸销跟鲨鱼的盾鳞长得完全不一样。并且，盾鳞插入的是柔软的组织，上面覆盖有黏液，这样可以增强其流动性。

目前研究的重点还是外壳的保护层，以及具有沟槽结构的合成涂料，跟细齿的功能比较接近。

一个知名的泳衣品牌宣称研发成功了"鲨鱼皮"式的连体泳衣，可以提高游泳的速度。
其实这只是商业宣传！
那种连体泳衣只是被印上了变形的细齿图案。

如何保护鲨鱼

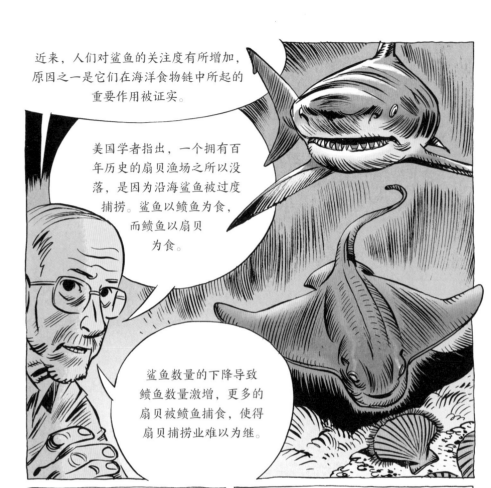

近来，人们对鲨鱼的关注度有所增加，原因之一是它们在海洋食物链中所起的重要作用被证实。

美国学者指出，一个拥有百年历史的扇贝渔场之所以没落，是因为沿海鲨鱼被过度捕捞。鲨鱼以鳐鱼为食，而鳐鱼以扇贝为食。

鲨鱼数量的下降导致鳐鱼数量激增，更多的扇贝被鳐鱼捕食，使得扇贝捕捞业难以为继。

人类捕鱼通常从大型鱼类下手（金枪鱼、石斑鱼、鲨鱼等），因为它们更容易捕捞，而且商业价值更高。

之后，渔民会向体型更小的鱼下手，久而久之，生态系统变得越来越薄弱，最后只剩下小鱼和浮游生物，还有大量繁殖的水母等无脊椎动物！

为了应对海洋资源的枯竭，人们采取了相关措施或给出了相关的建议。

首先，要对鲨鱼资源进行评估。为此，国际自然保护联盟建立了濒危物种的红皮书。

UICN | Comité français
（国际自然保护联盟）
法国委员会

自然博物馆
Muséum National

法国濒危物种红色名单：
鲨鱼、鳐鱼、银鲛

这个目录评估了某个物种在某个特定阶段的数量，有点像生物多样性领域的股价指数。

全球汇总的数据表明有 1/4 的鲨鱼和鳐鱼物种正在受到威胁，20 多个物种濒临灭绝。[①]

自 1999 年以来，联合国粮食及农业组织（FAO）起草了一份鲨鱼保护和管理国际行动计划。

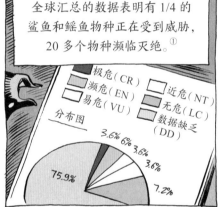

极危（CR）
濒危（EN）
易危（VU）
近危（NT）
无危（LC）
数据缺乏（DD）

分布图
3.6% 6% 3.6%
3.6%
75.9%
7.2%

FAO
FIAT PANIS [②]

如今，约 30 个国家签署了该项行动计划，但是很多都是纸上谈兵，没有具体行动！

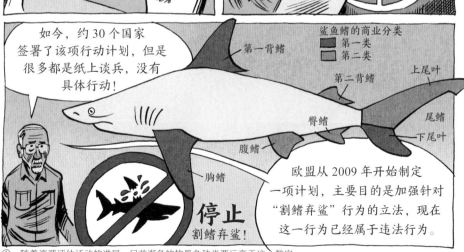

鲨鱼鳍的商业分类
第一类
第二类

第一背鳍
第二背鳍
上尾叶
臀鳍
尾鳍
下尾叶
腹鳍
胸鳍

停止
割鳍弃鲨！

欧盟从 2009 年开始制定一项计划，主要目的是加强针对"割鳍弃鲨"行为的立法，现在这一行为已经属于违法行为。

① 随着资源评估活动的进展，目前濒危的软骨鱼种类要远高于这一数字。
② 拉丁文座右铭：要有面包。

还有一些国际公约，例如《濒危野生动植物物种国际贸易公约》（CITES），它对濒危物种的贸易进行了约束。

2002 年，三种濒危鲨鱼被收录在公约名单中：噬人鲨、鲸鲨、姥鲨。2013 年，名单又增加了五种鲨鱼和两种鳐鱼。[①]
这种规范的目的是减少市场需求，从而减少对这些鱼类的捕杀。

《保护野生动物迁徙物种公约》（CMS）尝试组织邻国之间的合作，以管理共同资源。2014 年，数种具有迁徙行为的鲨鱼被列入 CMS 的名单。但不幸的是，这份公约并不像 CITES 那样具有约束力。

某些渔民想建立更加可持续发展的、尊重环境的渔场。

相关组织已经成立。

最有名的是海洋管理委员会（MSC）。

MSC 向消费者保证被捕捞的鱼是符合生态学和可持续发展标准的。

目前，只有两处捕捞鲨鱼的渔场获得了 MSC 认证。

保护鲨鱼的一个有效措施就是创建海洋保护区。为了保护一个物种，我们要保护它栖息的环境，以及与它相关的其他生物。

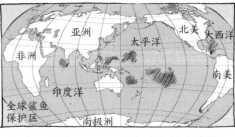

亚洲　太平洋　北美　大西洋

非洲

印度洋

南美

全球鲨鱼保护区　南极洲

如今，约有 1400 万平方千米的海域被定为海洋保护区，即整个海洋面积的 3.8%。这个范围还很小，2030 年的目标是达到 30%。

① 截至 2022 年，已有 14 种鲨鱼被列入 CITES 附录。

电子信号探测技术帮助人们取得了对鲨鱼行为研究的重大突破。信号器微型化，附加上能够捕捉生理和环境参数的探头，可以让我们更深入了解鲨鱼（包括一些神秘的深海鲨鱼）的迁徙情况。

分子生物方法和基因技术的进步也有助于研究鲨鱼的后代和群组，帮助我们了解目前假定的分类关系。

鲨鱼拥有简单但有效的免疫系统。在这个领域，我们有望了解为什么鲨鱼的骨骼不会硬骨化，以便最终应用到医学治疗手段上。

基于以上所有原因，请不要让噬人鲨从海洋中消失！

B. 塞雷 / J. 索莱 / 2015

拓展阅读

贝尔纳·塞雷推荐的三本书

《鲨鱼》（*Les Requins*），约翰·D.史蒂文斯主编，"视觉百科全书"系列，博尔达斯（Bordas）出版社，1988年。尽管已出版30多年，这本科普读物仍然是最好的法语版鲨鱼读物。该书译自澳大利亚出版的英文版，所有章节均由著名的鲨鱼学家编写而成。

《鲨鱼：从古至今》（*Requins: de la phéhistoire à nos jours*），吉勒·屈尼与阿兰·贝内多合著，"科学图书馆"系列，贝兰（Belin）出版社，2013年。该书带您深入了解鲨鱼的历史，并配以精美的插图。通过一场引人入胜的时光旅行，去了解鲨鱼的祖先。

《世界之鲨：全球已知的300多个物种》（*Tous les requins du monde, 300 espèces des mers du globe*），热里·范格列夫兰格、贝尔纳·塞雷、阿兰·迪林格合著，"自然百科全书"系列，德拉绍和尼耶所（Delachaux & Niestlé）出版社，1999年。该书收录了300多个鲨鱼物种，读者可以借此来学习辨别它们。

朱利安·索莱推荐的三本书

《海洋领主——鲨鱼》（*Le requin, seigneur des mers*），热拉尔·苏里著，弗勒吕（Fleurus）出版社，2007 年。这本书面向所有的青少年，讲述了最具代表性的几种鲨鱼的解剖学结构、繁殖方式和猎食技术。该书还配有 BBC 公司出品的 DVD：《鲨鱼的战争》（*La guerre des requins*），一部 52 分钟的纪录片，展现了某些难得一见的场景，例如柠檬鲨的分娩过程。

《鲨鱼之书》（*Shark Book*），朱利安·索莱著，冰流（Fluide Glacial）出版社，2014 年。我五岁的儿子把他对鲨鱼的热情传染给了我。从那之后，我就不停地在画鲨鱼。跟这本漫画不同，《鲨鱼之书》的形式像一本素描画册，收录了 200 多种想象的、奇怪的、搞笑的鲨鱼，并不符合严谨的科学标准。

《邀请》（*L'invitation*），让-马里·吉兰著，斗牛场（Les Arènes）出版社，2014 年。让-马里·吉兰为了克服他对鲨鱼的恐惧，决定带着相机潜入水中与鲨鱼相遇，以便更好地尊敬和爱护它们。这本黑白摄影集，除了毋庸置疑的美学价值，还传达出了人在大自然中与鲨鱼相遇所引发的情感。这里没有贝尔纳·塞雷喜欢的娇弱或者臃肿的小鲨鱼，而是一群头尖如炮弹、准备参加选美大赛的鲨鱼！

后浪漫《图文小百科》系列:

欢迎关注后浪漫微信公众号: hinabookbd

欢迎漫画编剧（创意、故事）、绘手、翻译投稿

manhua@hinabook.com

筹划出版｜银杏树下

出版统筹｜吴兴元

责任编辑｜马　燕

特约编辑｜蒋潇潇　　特约审校｜陈江源

装帧制造｜墨白空间·曾艺豪｜mobai@hinabook.com

后浪微博｜@后浪图书

读者服务｜reader@hinabook.com 188-1142-1266

投稿服务｜onebook@hinabook.com 133-6631-2326

直销服务｜buy@hinabook.com 133-6657-3072

后浪出版咨询(北京)有限责任公司

POST WAVE PUBLISHING CONSULTING (BEIJING) CO.,LTD